WORLD
HANDCRAFT
SERIES

世界手艺
丛书

都市木艺人

[英] 麦克斯·班布里奇 著

刘志赟 译

U0301766

华中科技大学出版社

http://www.hustp.com

中国·武汉

都市木艺人

一本木质餐厨具制作的摩登指南

图书在版编目（CIP）数据

都市木艺人/（英）麦克斯·班布里奇著；刘志赟译. — 武汉： 华中科技大学出版社，2018.8

ISBN 978–7–5680–3431–9

Ⅰ.①都… Ⅱ.①麦… ②刘… Ⅲ.①木制品—手工艺品—制作 Ⅳ.①TS656

中国版本图书馆CIP数据核字（2018）第154386号

湖北省版权局著作权合同登记 图字：17-2017-372号

The Urban Woodsman, by Max Bainbridge

Text © 2016 Max Bainbridge

Photographs © 2016 Dean Hearne

Book design © 2016 Kyle Cathie Ltd.

Originally published by Kyle Cathie Ltd. in the United Kingdom.

Simplified Chinese rights arranged through CA-LINK International LLC (www.ca-link.com)

都市木艺人　　　　　　　　　　　　　　　　　[英] 麦克斯·班布里奇　著
Dushi Muyiren

　　　　　　　　　　　　　　　　　　　　　　　　　　　刘志赟　译

策划编辑：白　雪
责任编辑：陈锦剑
封面设计：傅瑞学
责任校对：北京佳捷真科技发展有限公司
责任监印：徐　露
出版发行：华中科技大学出版社（中国·武汉）　　电话：（027）81321913
　　　　　武汉市东湖新技术开发区华工科技园　　邮编：430223
录　　排：北京欣怡文化有限公司
印　　刷：北京富泰印刷有限责任公司
开　　本：880mm×1230mm　1/32
印　　张：4.5
字　　数：109千字
版　　次：2018年8月第1版第1次印刷
定　　价：48.00元

本书若有印装质量问题，请向出版社营销中心调换
全国免费服务热线：400-6679-118，竭诚为您服务

目　录

简 介

从我记事时起，木头就让我着迷。来自木头的一切，从它的气味、质地到它的纹理、色彩，都深深地吸引着我。我的工作必将与木头有关联，这我一直就知道！木头是如此用途百变而又美丽不凡，其功用简直不可胜数。我最初的童年记忆里有那么一副小弓箭，是我在我家的小花园里制作而成的。弓臂两端系弓弦处开有槽口，弓臂手握处的树皮也被雕刻以便透光，整副弓箭由白色边材制成。此事对我影响深远，因为在制作弓箭的那一刻，我突然明白，只消几个切割的步骤，你就可以赋予一个树枝某种功能，使它成为一件实用的物品。一瞥之下，你可能看不出木头有什么特别，但通过一点儿简单的手段，就能发掘出它的许多优点。自从多年前我在它身上刻下第一刀直到今日，木头身上蕴含的这种无限可能让我感到既兴奋又着迷。

手作不仅仅是一份工作，它更是一种生活

终其一生，我都是个"手作人"，但直到近三年，我才真正开始从事与木艺相关的工作。我着意磨炼自己的手艺，以便能够运用这些技能创作出外形美丽且使用时令人愉悦的产品，这种想法也是推动我工作的原动力。无论你叫我什么，手作人也好，亦或木艺人、雕刻师、艺术家也罢，这都不仅仅是一份工作，更是一种生活方式。无论何时，每当我向他人介绍我是做什么的时候，总是离不开同一种描述："木艺即人生。"我已全身心投入其中，以至于我总是在工作，无一日停歇。我想所有手艺人也都应如是吧！我这么做并非追求什么终极目标，而是因为木艺本身的永无止境激励着我，只要我在不断学习，那么我的木艺事业也会随之持续提升，不断变化。

写作这本书时，我采取了与设计一把新式样的勺子或开始加工一块木头同样的方式。两者都既充满挑战又振奋人心。我总是对写作过程中的每一个环节详加检视，先把它们分为独立的步骤，再用我对木艺的挚爱将它们合为一体并呈现在纸页上。写作这本书让我重新审视了自己在工作中使用工具的方法以及我对木头的特性究竟领悟到何种程度。为了写好这本书，我仔细推敲了我的工艺方法的方方面面，在将我的技艺传授给读者的同时，我自己也受益良多。

我期待通过写作这本书可以激发他人对木艺及手作的兴趣。当我传授技艺时，心中怀着这样的期许——别人能像我一样在手作中感到愉悦和满足。最重要的是，人们应当认识到，只要有学习的决心并付诸行动，任何人都可以从事木艺。我从一本书、一些YouTube视频和一大盒胶布开启了我的木艺生涯。三年后，我与合伙人（也是我的伴侣）艾比盖尔一起经营了"森林与发现"，所做的工作就是制作在设计方面现代而在工艺方面传统的木制品。在本书中，我将向大家展示木艺制作的各种技法与工序，包括切割、锉、烤、打磨、上蜡，您可以用这样的方式来制作日常生活用品。

任何没有实用功能的物品都不能留在工作室，"所有的设计都应当实用，所有的制作都是为了使用。"城市生活对我制作的每一件物品都产生了影响：我在何处工作，我使用何种材料，也影响着我设计的全过程。我扎根于伦敦东部的瓦森斯陶（Walthamstow），周遭充满了最丰富的灵感和材料资源。

当你在城市中生活和工作时，找到一片绿色净土太重要了。这片净土让你有变换环境的机会，使你能够有时间自由地呼吸和思考。很幸运，爱萍森林（Epping Forest）离我很近，这片占地24平方千米的古老森林位于伦敦东北部和埃塞克斯（Essex）之间。我时常造访此地，不仅是为了囤积可供选择的好的本地硬木，也是为了躲避伦敦都市生活的拥挤和喧嚣。

置身都市使我不得不寻找木料的不同来源，这样才能确保我的木艺工作有稳定、持续的材料供应。这可不是只要找到森林或绿地那么简单。在依托森林资源进行工作的同时，我也与家具及细木工手艺人保持着多年的联系。结识其他手艺人可以带来稳定的硬木供应，不然这些硬木可能就被烧掉或者被当作垃圾填埋了。把他人工作的副产品转化为有用的东西是我工作中的重要部分。我认为，树立起"任何地方都可能获取可加工的材料"这一理念至关重要。只要你找对路子，拿出时间来与人们交谈，大多数情况下，他们不仅仅是乐于帮助你而已。无论你身处大都市还是小村庄，本书中汇集的信息都是既有效又实用的。它引导你发掘什么是可用的木料，你该在哪儿找到它们。

对我来说，最重要的事情之一是，我享受我的工作。有时候，雕刻真的很困难。会有那么一个阶段，某件作品让你陷入困境和焦灼，这时候，我会停下来休息五分钟，通常还得喝杯茶。

这样，再回来思考解决方案会比一直干下去而感到沮丧有效得多。这我可是撞了南墙，让自己以做蠢事儿甚至是受伤告终后才得到的教训。我非常重视健康和安全，只要有一些简单的检查和预防措施，这就不会成为障碍，也花不了多少时间。需要考虑的主要问题是，你自己、你周围的环境、你的材料和工具。在开始一项新工作之前，给自己一点时间记录一下，你将要做什么，你需要什么样的工具和材料，你将在什么地方工作，最重要的是，你感觉自己能胜任挑战。当你觉得紧张、疲惫和难以集中注意力时还试图继续工作只会给自己带来危险。本书中提到的产品设计是建立在你的不同的能力水平上的，因此，它应该使你对迎接每一个新挑战充满自信和激情。当你不受最后期限的逼迫时才能充分享受木艺的乐趣。我想努力让人们了解到：木艺需要时间，正是时间让木艺更美好。

木艺需要时间，正是时间让木艺更美好

我的实践工作总是与现代设计相关，但支撑这些实践工作的是对传统技艺的坚守。我希望这本书能成为人们学习一种新的工作方法的基石，通过这种方法，他们可以设计并制作出属于他们自己的物品。我想强调的是，制作勺子和木雕会让你在很多方面受益。当你从事木艺工作时，你会从快节奏的生活中抽离出来，让一切慢下来，这能改善你的思维状态。当你专注于切割一个完美的案板边缘或者清洁一个手柄时，你就能体会到木头带来的这种微妙感受。无论你在世界的何处，雕刻都能带给你与大自然接触并且学习如何使用自然资源的简单快乐。我希望，当你读完这本书后，你能获得有关木艺的知识，有激情去探索这门我挚爱的手艺。

获取木材

在刚刚开始学习如何雕刻时就知道从哪儿获取材料会让整件事变得不同。找到一个可靠、价格又相对低廉的木材货源能打消你对材料成本的后顾之忧，让你愉快地体验和玩耍。我的木材来源主要有四个，每一个都所费不多，有时候甚至是免费的。

本地林业协会

非常幸运，我距离爱萍森林只有很短的车程，这片森林是由伦敦市法团运营的。我作了一些调查研究，然后就联系上了林业协会的一员。他愉快地向我展示了他们经营的各种树木，并且让我在他们累积的巨大木料堆里随意翻找，而这些是他们日常经营森林的一部分。

在我的工作中用得最多的是白桦木，这是一个速生品种，并且为了保持森林健康的生态平衡常常会被伐掉。虽然白桦木是爱萍森林里最常用的可用之材，但这里也有少量的其他各种不列颠硬木。确切地说，判断哪些木头是可用的，取决于它是否因被暴风雨毁坏需要被移走，或者是否因为腐烂了需要被安全地砍伐。不过，我发现用这种途径寻找木材简直棒极了，这些可用之材总是会带给我惊喜和挑战。这让你在设计产品并决定尺寸的时候保持灵活，因为你不能指望每次都能得到一样的木头。正是这种变化让我感到兴奋，你会发现，你工作中碰到的那些本地林业协会同样会带给你木材的多样性和可用性。

在与爱萍森林的林业协会取得联系以后，我现在有时与林业工人在他们工作的基地见面，然后我们就去森林里（他们工作的地方），找找看哪些木头可以用。仔细地挑选木头直到把我的轿车装满对我来说是件乐事。从林业协会获得这些收获，我只象征性地付出了一点点的回报，那就是感谢和赞美他们出色的工作。你会发现，尽管每一个协会的工作制度不同，但只要你花些时间去向他们说明你是谁，你想用这些木头做什么，人们通常是很乐于向你提供帮助的。这一切都取决于通过正确的途径，并且对他们和他们的时间报以应有的尊重。我非常乐于遵照爱萍森林那些工作人员的时间，这意味着我能得到丰富的、持续的本土硬木资源。同时，我能在一片美好的绿地上度过一个早晨，并与本地的专业人士建立工作关系。

树木整形师

具备捕捉周围链锯切割发出的声音的能力会很有价值。有那么几次，我二话不说放下手头的活计，冲出门外追踪链锯切割发出的声音。从小城镇到大都市，哪里都有树木整形师在工作。如果你看到树木整形师在工作，上前问问他们在做什么，能不能把他们砍下的树枝分给你几小片，一般都能有些收获。重要的是，你一定得等到恰当的时机再靠近他们，这对你和树木整形师都有好处。当链锯停止工作，你看到他们把木头往卡车上搬时，这通常是与他们攀谈的好时机。

树木整形师成为获取本地硬木的很好的来源，同时通过他们也能得到各种各样的异国木材。大多数时候，比较小的枝干会被他们先处理掉，如果你能让他们别一口气把这些枝干全切碎，那你就有机会得到一些尺寸适合的可用之材。

其他制作者

和你有联系的其他制作者和木艺人也会成为获取材料的很好的来源。与他们保持联系不仅是因为其是创作团队中的一员很重要，也是因为其他人废弃的材料有时可能非常适合你。我和几位木匠、细木工一起工作，他们的工作总会带来大量的无用余料。大多数情况下，他们得付费来清理这些废料，所以，如果你能把他们不需要的这些材料弄走，对他们来说可是帮了忙。如果你花些时间和他们交谈，说明你在做什么、你想要找什么，通过这些交流，互动的工作关系就产生了。

木材商

有些木材商通常专营硬木，他们会有很多边角余料。一个离我很近的木材商在他们能砍伐的林地就有锯木厂，他们会按照客户的要求将木头锯开、刨平，这样就不可避免地会产生各种形状和尺寸不同的边角余料，有些边角余料的尺寸和厚度正好是我要找的。

在存放边角余料的木材场地里翻找通常会很有意义，你会碰上一些真正有趣的木头品种，并且因为它们的尺寸小，木材商开出的价格也会很合理。记住，不是每一个木材商都是专营不列颠本土硬木的，因此，先作些调查然后再去找到你喜欢的木材还是值得的。

挑选木材

为你的产品选择适当的木材最为关键，了解硬木与软木的区别将帮助你选出木材的正确的类别与部分。在本书中，我挑选了一些不同类型的硬木。软木并不适宜雕刻，它们的纹理比较稀疏，柔软的表面也易于开裂。软木容易渗漏，因此不适宜制成用于盛放液体及食物的器皿。而硬木纹理密实、质地坚硬，是制作日常用具的理想选材。

在我日复一日的实践中，我与各种硬木打交道，比如，新伐木、回收硬木，还有边角余料。新伐木是指刚刚砍伐的还含有很多水分的木材，它比陈年木更易于加工，因为后者已存放了一段时间。在雕刻时，新伐木与陈年木二者各有优劣。新伐木的高含量水分使其纤维柔软并富有弹性，因此更易于加工。然而，与陈年木不同，新伐木变干后会开裂、变形。陈年木很难雕刻，因为它的纤维已经干燥了，变得非常坚硬。你会发现，当你加工陈年木时，磨刀会更频繁，但你可以信赖它的稳定，因为它的所有的开裂和变形早在干燥的过程中就已经发生过了。

> 了解硬木与软木的区别将帮助你选出木材的正确的类别与部分

从而对木材的类别进行初步判断会很有价值，最好是在你通过查看树皮和树叶的形状时就这么做。下一步，你得确定你收集到的或者发现的木材是无毒的。如果你从木材商、树木整形师或林业协会那里取材，你可以向他们询问木材的类别。但如果你还是不能确定，有些不错的网站可供查询：www.wood-database.com，我常登陆这个网站查询木材的类别及其毒性。只需要花几分钟研究，你就可以安心使用你的木材了。

在本书中，我打算同时使用新伐木和陈年木来向你们展示，只要你找到加工它们的正确方法，并了解一块新伐桦木和一块陈年桦木的区别，二者都十分值得一试。这样，你手里可选的木材范围就成倍地扩大了。你也可以认真研究哪种木材更符合你脑海中的产品。如果你通过树木整形师或林业协会取材，你会发现，你得到新伐木的可能性更大。如果你从木材商那里找硬木的边角余料，那么它们很可能已经在窑炉里变得干燥并很好地自然老化了。你可以自己让新伐木老化，就是把它们长时间地存放于一个干燥通风的地方，比如，花园的棚子里。要使木头完全干透，有时候需要两年的时间。

如果你不能确定木材的种类，在选材的时候你就得对此特别加以考虑了。通过互联网作一番研究，

调整设计以适应材料本身的特性

你还需要考虑如何储存木材。陈年的硬木及边角余料很容易存放，几乎不需要再做什么。它们只需要一个干燥的环境，并且避免与高温源直接接触。但是，对于新伐木，你就得稍加注意了。如果你直接对它们进行加工，那就不存在储存的问题了，但如果你想先保存它们过段时间再用，那么你需要采取几个简单的步骤。人们有很多不同的储存新伐木的方法。

它总有某种程度的不可预见性。有时候，你只能接受这种不可预见性，当裂纹出现时，也只好用这样的木头来加工。有些我特别喜欢的作品就是用有裂纹的木头制作的。它教会你怎样去调整设计以适应材料本身的特性。

本书中提及的每一件产品我都曾尝试过用不同种类的硬木来制作，以验证各种不同木材的可用性。当然，你也可以用同一种木材制作本书中提及

为了防止它们干得太快而开裂，你可以买各种蜡质密封剂和混合物，使用这种方式效果不错但是价格可能非常昂贵。我曾看到有人把新伐木放进冷冻库，甚至是放进蜡封的装有水的大桶里。我想应该多实践看看哪种方式最适合你，不过，我总是赞成选择简单的办法。我倾向于使用PVA涂在较细的枝干的截面和表面以锁住水分，如果我要切开那些巨大的原木，我会从中间把它们切开，接着用保鲜膜或塑料袋将它们裹住，然后把它们放置于阴凉背光的地方。从中间切开原木，这点很重要，因为如果你保存一整块原木，水分的蒸发会导致木头收缩，而收缩带来的张力就会使木头开裂。如果任其发展，裂纹会纵向延伸至整条原木的内部，这时你想找到一块结实的木料时就难办了。虽然如此，你能做的也就只有这么多了。木头毕竟是一种天然材料，因此，

> "木头毕竟是一种
> 天然的材料，因此
> 它总有某种程度的
> 不可预见性"

的每一件产品。我用了新伐橡木制作小碗作示例，这并不意味着你不能用白桦木或者甜栗木来制作。我想，用当地可用的材料来加工会很不错，特别是在刚刚开始制作木艺的时候，就地取材会很棒。对于每一件作品，我都简短地解释了我为什么会挑选特定的木材。你可以选择按照我的示例来制作，但这绝不是必须遵守的规则。我总是根据木头的情况选材，但是如果当时有好几种木头都适合，我会从审美的角度出发，以我想让这件物品具有的外观来决定选材。

木头的分类

1.橡木（新伐木）
新伐的橡木很容易用手动工具来加工，因此适于制作碗等容器。

2.白桦木
白桦木用途广泛。均匀的纹理和质地使其成为雕刻的可靠材质。它同时具备坚固和轻巧两种特性。

3.回收橡木
橡木的坚固和耐用程度不可思议。用它们来制作每天都使用的用具再好不过。陈年橡木很难加工，但制作而成的物品很耐用。

4.甜栗木
甜栗木既坚固又柔韧，它的纹理和构造很美观，因此是制作日用品的理想选材。

5

6

7

8

5.回收枫木
枫木细密均匀的纹理使其成为制作用于盛放、准备切割的食物的器皿的最佳选材。它十分坚固耐磨，因此适合制作成日用品。

6.回收樱桃木
樱桃木是特别强韧的木材，密实的纹理使之成为制作与水分接触频率高的用品的理想选材。

7.樱桃木（新伐木）
樱桃木加工起来很棒，新伐的樱桃木会随着干燥变得坚固，这也意味着你可以用它来雕刻一把手柄又长又薄的勺子，同时还能保持勺子的韧性。

8.回收美洲黑胡桃木
胡桃木是用途极其广泛的硬木。因其坚固和耐用很适合用于制作厨房烹饪用品。

工具

选好工具是开工的必备。在本书中，我使用的工具并不昂贵也容易买到。你可不需要一个仓库的工具和设备才能开始工作。在本书通篇中都会用到的两种主要工具是弯刃刀和直刃刀。虽然我会用到的工具多种多样，但这两种工具已久经考验，可靠耐用。它们不仅能出色地完成工作，价格也并不昂贵，你可以在任何地方买到。（要获得更多资讯，请参见第138页。）

有着弧形刀刃的弯刃刀是为了用于挖出凹面而设计的，这就是为什么它特别适合用来挖出勺子的凹陷处。直刀可以胜任多种任务，从去除多余废料到打磨最后的细节均可用到。你会发现，这两种刀是许多木艺匠人的首选工具，从它们入手进行工作也很棒。只要你愿意，它们将很快成为你的必备工具，随后你也可以由此建立起自己的工具体系，其中可以包含各种不同的工具。在斯堪的纳维亚有一种悠久的传统，那就是对用于雕刻的工具进行装饰，为工具配以雕刻精美的手柄、配套的皮套和用动物角或鹿角精心刻制而成的保护套，从使用工具的细心上充分反映了人们对工具的养护与尊重，其精心程度丝毫不亚于对工具的装饰。我在使用工具时一直记着，工匠的最好的技艺始于对工具的理解和把握。我在工作室与人交谈时常常一低头发现自己正在雕刻一个不经意间拿起的勺子。使用工具已经成为了我的习惯。你开始对它们有所感知，并体会它们在你手中的分量以及和你手部的契合方式。当你可以很舒服地使用工具时，它们就成为你手的功能的延伸，让你工作起来自信十足。

**工具在对的状态时
使用起来格外令人愉快**

当你开始接受一项新挑战或新任务时，你会很自然地挑选出最适合这项特定工作的工具。你会发现自己为了制作出一把完美的勺子用遍了所有的工具，或者是更倾向于只用一两件刀具。通往最终目标的路径无所谓对错。任何工作，只要你觉得它是最棒的，你就能制作出最好的产品。本书就是鼓励你以适合自己的方式开始工作并提升技艺。每个人都会发现，我们的手所喜欢的工作方式各有不同。

1.G形夹

如果你用凿刀来加工，或者是用弯刃刀来加工勺舀部分时，G形夹会是一件真正有用的工具，它把工件牢牢地固定在桌子或工作台上，把你的双手解放出来用于抓握或控制你的其他工具。

2.钻

钻能又快又好地打出光滑的孔来，因此，使用钻来加工产品会很有用。你不需要昂贵的东西，不需要多高的技巧，只要钻开始工作，你就能安全地使用它实现自己的目的。

3.钢丝锯

本书中的许多产品的制作都用到了钢丝锯。它让你有机会在进行可控制的切割的同时实现最少的浪费，而且能加快工作的进度。用钻来加工你就不需要在激光导引一类的东西上花费过多的金钱，也用不着多功能的设备。只要安装上合适的刀具，绝大部分的钢丝锯都能把硬木切开，这就足够了。

4.雕刻凿

这些凿刀会是你工具袋的有益补充。它们让你的雕刻变得不同，可以适用所有的形状和尺寸的雕刻。我用到的这两件凿刀相对比较小，并且在做精细活儿的时候非常适用。

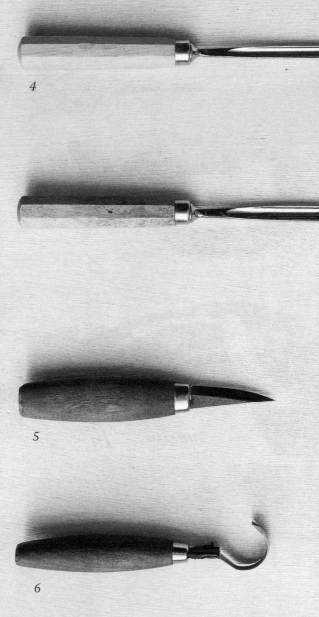

4

5

6

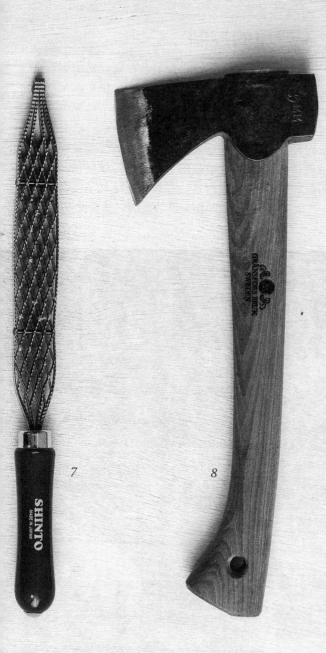

7

8

5.莫拉（Mora）120直刃刀

这是一款经典的木工雕刻刀，读完这本书，你会发现用它的频率最高。莫拉品牌凝结着逾百年的技艺与热忱，这些瑞典刀具早已成为手艺人的必选工具。工匠制作每一把刀具时倾注的精神久经考验，只要你一开始使用它们，你就会感受到。

6.莫拉162弯刃刀

这种弯曲、双面开刃的刀具能让你完成各种弧面切割。使用刀具的不同部位，你能实现各种细腻、精准的切割，也可以完成加深、挖空的加工。它是非常有用的工具。

7.日式锯锉

它堪称为专家配备的工具，但价格却很合理。你可以用它来塑造和雕刻木头的表面，快速高效地去掉多余的木料。它的一面是粗糙的，另一面比较细腻，这就是说，你可以根据自己的设计随时完善产品的形状。

8.斧

斧子简直太有用了，特别是在你加工新伐木的时候。如果我不在工作室，我可以带着一把斧子和两把雕刻刀具去任何地方工作。图片中的斧子是一把短柄小斧，因为它尺寸较小，所以很适合用它把一片小木头加工成汤匙的毛坯。

刀具的控制

刀具的控制是本书涉及的最为重要的技能之一。当你用自己的方式制作产品时，我鼓励你看看这章的内容来提升你对如何运用刀具的理解。在此介绍了一系列控制刀具和切割的不同方法，借助它们你可以更为高效和安全地切割和雕刻木头。如果你能对你的手指置于何处，手指与刀刃保持何种关系有清醒的认识，并且不去冒那些不必要的风险，你已经成功了一半。在工作时确定自己是安全的，这并不会花费太多时间。我的建议是先在一块报废的木头上练习这些技巧。一般而言，在废料上练好基本功再开始制作一件特定的产品会比较好。

▼ 直刃刀：推切

　　用你常用的那只手握刀，另一只手拿住工件。把拿工件的那只手的大拇指放在刀柄的上端与刀刃连接处。从身体的方向向外推动刀具，用你常用的那只手握刀并控制刀刃的方向，这样可以在切割过程中对刀具施加适量的压力。无论你是站着还是坐着都能用这种方法。两种情况下，你都会感觉到很舒适，当所加工的位置靠近你的身体时，这种方法可以提供最大的掌控力。设想你有霸王龙那样的短小胳膊，那就是你手和胸部的理想距离。工作中你会频繁用到这种方法，因此尽早熟悉它吧！

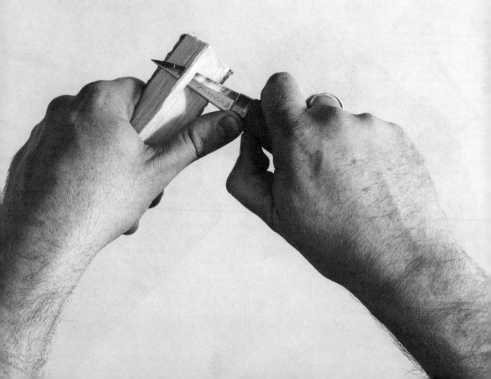

▼ 直刃刀：细节雕刻

当你着手处理完美细节或者想在木头的表面获得形状或质感时，这种雕刻方法会很有用。用你常用的那只手持刀，另一只手握住要加工的木料，用支撑手的大拇指抵住刀刃的背面。这个位置可以根据木材的大小和需要切割的深度来调整。举个例子，在一块小木头上操作时，你的大拇指会距离刀尖更近，这样能最大程度地控制力道。用同样的方式推动刀刃进行切割，用你的大拇指向刀刃施压，并且用你常用的那只手控制刀刃的方向。

▼ 直刃刀：拉切

用一只手支撑住木料的一端，将木料的另一端抵在你的胸口处（最好穿一件围裙或者防护外罩），从你用于支撑的手的前方开始切。施以均衡的压力并且让刀刃与木料表面持平，向你身体的方向拖动刀刃。这时你拖动的速度不用太快或太用力。你的目标是专注的观察，同时以最大的控制力确定刀刃应停在何处。这个技巧很有用，它让你在木料上切割的长度更长，同时能保持均匀而能控制直切。这种方法要求你朝身体的方向运刀，这看起来有违你过去被告知的所有用刀的注意事项，但它其实与其他切割技巧一样安全。最关键的是，要把手和手指置于刀刃之后。

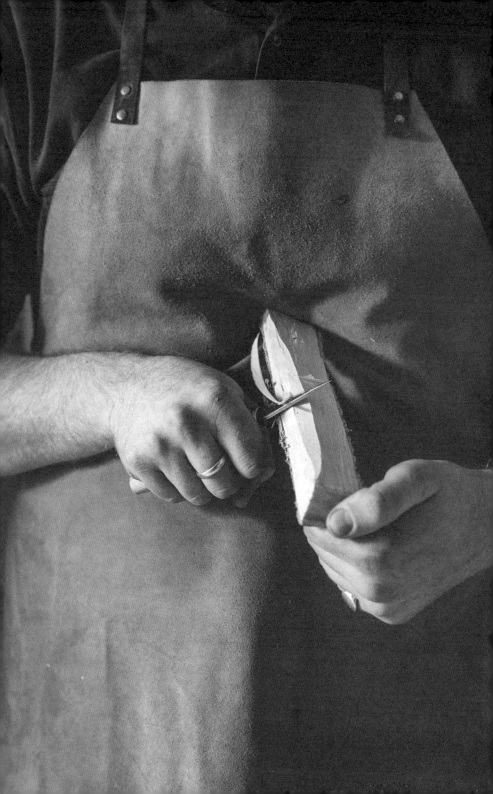

▼ 直刃刀：剪切

正如其名，这种方法是让刀刃与工件相互交叉，好像一把剪刀一样。在靠近你身体的位置操作，保持你的胳膊肘向里弯曲（记着要像霸王龙那样噢），常用的那只手握刀，另一只手拿工件。把刀刃置于木头表面，用你胳膊的力量来切割，两个胳膊肘都要向肋骨的方向弯曲，这样，你的手才能拉开，实现切割。这个有用的方法既能切掉大量的余料，也能胜任更精细的切割。同时，这种方法也非常安全，因为持刀的手被胳膊的位置限制住了，就不可能突然跑到远离身体的地方去。

▼ 弯刃刀：挖切

用你的常用的那只手握住弯刃刀，使刀刃的末端朝上。另一只手拿住工件，把刀刃的斜角置于木头的表面，以常用的那只手的大拇指抵住工件的背面作为支点，当你的手向离开身体的方向转动时，朝向身体这边的木材就被切下来了。在使用这种方法时，大拇指是作为一个支撑点，要确保它的位置低于工件的边缘，不会被刀刃碰到。

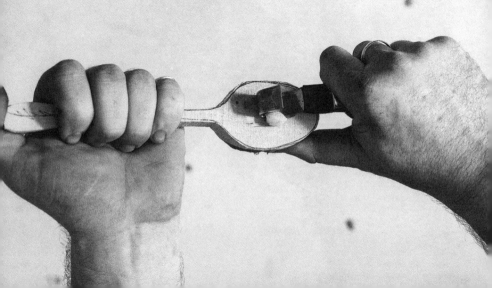

▼弯刃刀：推切

以常用的那只手握刀，另一只手拿住工件。将刀刃置于木材的表面。用握着工件的那只手的大拇指向远离身体的方向施压来完成切割。这种方法很有效，因为你可以在切割过程中用得上更大的力气，从而高效地去除多余的木头。

▼弯刃刀：反向挖切

用常用的那只手握刀，刀刃朝下。保持刀刃与工件的贴合。从远离自己身体的方向旋转刀刃，你的手腕有一个向上的运动来推动切割。握住工件的手要作为支撑。在一个工作面上使用这种切割方法是最好的，因为这样能保持最大的稳定性。

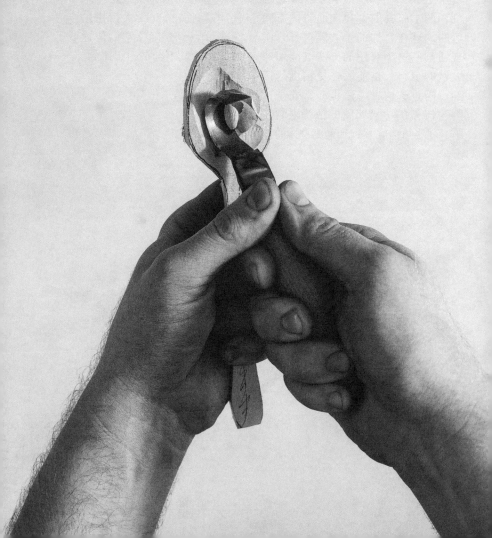

▼斧：劈开木头

　　使用斧子时，你的手的位置最为关键。在此，斧子的用途是将各种枝干从中间劈开。比起直接用斧子砍在木头上，以下的方法更安全、精确，那就是先把斧刃精准地置于木头的中央，然后用一把锤子击打斧子。要紧紧握住斧柄上端三分之一处，伸直胳膊，手部远离斧头。

▼斧：切割

当你用斧子砍出勺子的大致形状时，让你的握住工件的手和手指远离斧子。用其他手指裹住大拇指，并远离你正在切割的那一面。你应当握住斧柄上端和中间之间的位置，这样能最大程度地控制斧子，并且防止因斧子晃动而不好控制。你会发现，你握的位置离斧头越近，你所能实现的切割范围越小，这样，你就能在工件上进行更小、更精确的加工。

餐勺

用白桦木制作一把餐勺

在久远的岁月里，餐勺曾被制成许多种不同的形状和尺寸。在我制作过的勺子里，餐勺的用途是最多的，很可能也是最常被用到的，但其质朴的形状还是极为优雅。勺子的形状与我所制作的其他器皿相关，我会根据碗的尺寸和勺柄的长度来调整。而这些调整最终会使这把勺子比例协调，用它来就餐会让人心情愉快。我们的目标是制作出一把能打动你的心的勺子，让你每天都期待能够用到它。

工具：

斧子	锤子（一段枝干也能起到相同的作用）
铅笔	模板（纸或卡片）
弯刃刀	直刃刀　　　砂纸
蜂蜡膏	布

木料：
白桦木

挑选一块适合的木料是制作过程中的重要一环。这次我选择的是白桦木，它的用途多到不可思议，同时又是一个很棒的雕刻入手点。挑选一段结疤尽可能少的枝干，这样你就有更多的施展空间，也不会被木料的中间裂开所干扰。

1 将一段树干置于一个稳定的切割台面上（一块巨大的圆形树干可以当作很棒的案）。现在将斧子置于木料一端的中线上，用锤子向下敲击，小心地击打斧子的顶端，不要敲在斧柄处。

2 一旦你将这块木料切好了，你就要选出最为平滑的那一面。在厚纸或卡片上画出一个勺子的模板，并且把它剪下来。在木料一面的中央沿着模板画线，把你的设计标记下来。用斧子粗略地砍去勺子周边的木料，将砍下的木料移走。从木料的中间部分一直向切割案的方向加工，确保斧子永远不会靠近你的手，你可以根据勺子的形状一直这样移动和旋转。

3 当你制作出了勺子的雏形，下一步就是加工勺匘的部分，用弯刃刀将勺匘部分的木料切除掉，沿着木头的纹理从勺匘的一端向自己身体的方向加工。你无需向刀刃施加很大的压力，因为它们是新伐木，对刀刃的阻力很小，会很容易加工。

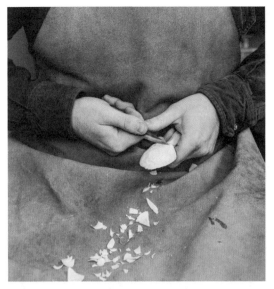

4 现在你已经挖好了勺
舀部分，你可以开始
完善勺子背面的形状了，
用直刃刀推切。确保从勺
舀背面的中间向一个方向
运刀，然后调换方向，从
勺子的中间向勺肩的方向
加工，这样做你就不会逆
着木纹运刀，也感觉不到
那些不必要的阻力。

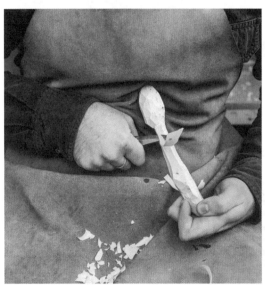

5 在你刻好勺背的形状
后，你可以着手完善
勺柄和勺肩的连接处，用
直刃刀结合使用拉切法和
推切法。一旦勺子的形状
初具规模，你就可以用细
节雕刻法完善你设计出的
部分了。

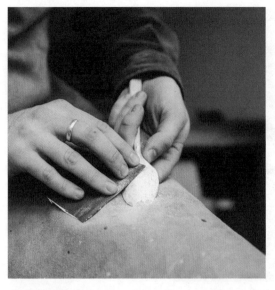

6 现在你已经完善了勺子的形状，并且对勺子的对称性和外观都满意了，就可以开始打磨勺子了。需要记住的原则是，一定要顺着木头纹理打磨，这样能确保你获得一件丝般光滑的成品，避免因为打磨的方向与木纹交叉而产生划痕，那样的话就难办了。使用各种粒度的砂纸打磨，用120粒的开始过渡用到320粒的，直到你对成品的表面完全满意。

7 用一块干净的布在勺子表面涂上厚厚的一层蜂蜡膏，让木头吸收一个晚上。第二天早上，你就可以好好地擦拭那些剩余的蜂蜡膏，把勺子的表面擦亮。

铲

用樱桃木的边角料创作一把铲子

制作这把铲子的设想是源自制作一把烹饪勺后剩余的余料。我制作完了烹饪勺以后就准备把剩下的余料扔进木材焚烧炉，这时我突然意识到剩下的材料还足够设计点什么，然后我就随手画出了这把简洁又优雅的铲子。这个设计的美妙之处就在于它只需要一块薄薄的木料，即便是使用最不可思议的边角料也能把它制作出来。这把铲子还是一件很好的器皿，你可以通过制作它磨炼你使用直刃刀的技巧。如果你碰巧有一件接近产品最终形状的木头，你就不需要用钢丝锯来切出雏形，只需用直刃刀把多余的材料切掉。

工具：
铅笔　模板（纸、卡片）
曲线钢丝锯　直刃刀
砂纸　布　蜂蜡膏

木料：
樱桃木

我制作这件产品用到的樱桃木来自本地的木材商，如果你想要找一块尺寸小、价格低廉的木材，这种方式是最好不过了。樱桃木是一种强韧的硬木，因此适宜制作用于搅拌的长柄的器皿。根据产品的最终用途来选择木材，这点非常重要。

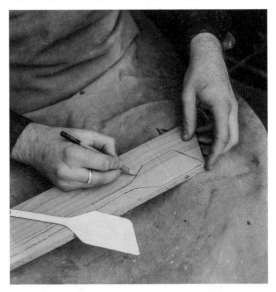

1 在木材上沿着模板画出铲子的形状。最好仔细考虑手柄的长度，这对你能否方便地使用铲子会产生影响。因为把木头切掉容易，重新安装回去就难了，所以，我建议在切割的时候让手柄的长度比实际需要的略长一些。反正你可以随时将它切短。

2用一个曲线钢丝锯切掉木铲旁边的部分。你可以在当地DIY商店买到曲线钢丝锯。我推荐这种特别的锯是因为它在切割弯曲的形状时更加精准和安全。

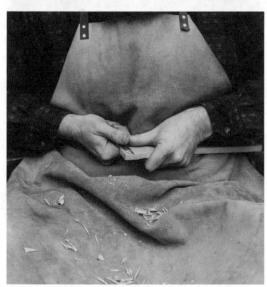

3一开始要用直刃刀来加工铲身的上端。像使用剪刀一样把两侧铲面上多余的木料切掉。直到铲子的厚度让你满意为止。

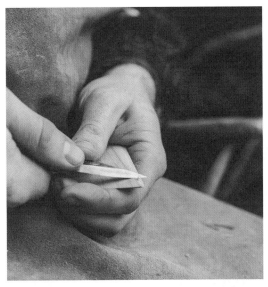

4 现在用细节雕刻法完善铲子的形状，小心地切割出铲子上端边缘的斜角，这一步对铲子的功能至关重要，因为这个斜角让你在烹饪和翻炒时更方便。

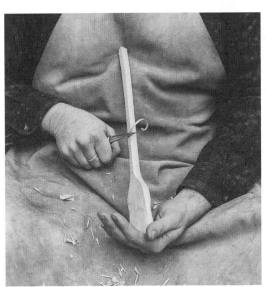

5 在你加工铲柄时，拖切法能有效地去除铲柄上的长条形废料。用手握住铲身的顶端，用胸口抵住铲柄，向你身体的方向运刀加工铲柄。要保持切割顺利，你需要旋转铲子，这样，你就能在握住铲柄底端的同时把铲身的顶端抵在胸口。在切割的过程中调换方向，可以避免切断木纹，使停刀时更加高效和稳定。

6 一旦你对铲子的形状和对称性都满意了就可以进入下一步的打磨了。打磨出一个精致光滑的铲底斜角十分重要，它让你的铲子既好用又美观，要保持斜角的清晰度，在打磨的时候别把斜角末端去掉太多。

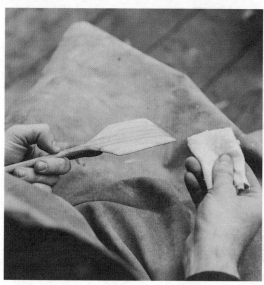

7 顺着铲子的木纹擦掉砂纸留下的碎屑，然后涂上一层厚厚的蜂蜡膏让铲子吸收一夜，第二天早上把多余的蜂蜡膏擦掉，完美收工！

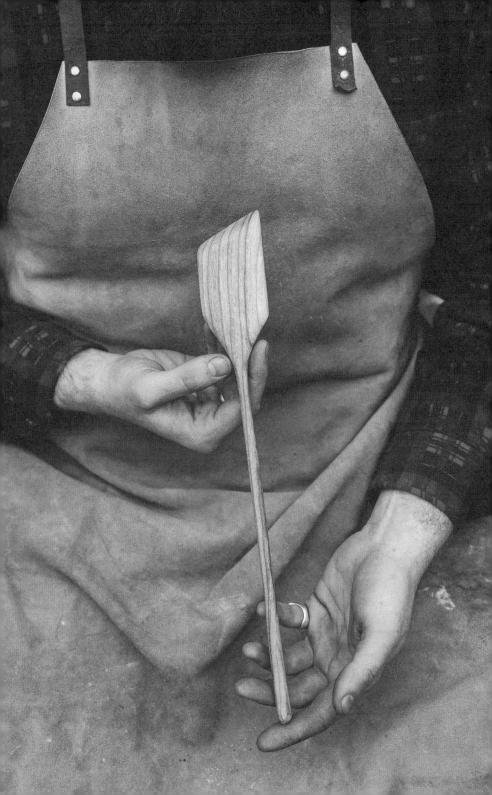

3

烹饪勺

用回收胡桃木制作一把烹饪勺

每个人的厨房里都会有一把烹饪勺，它是日常生活的必备品。当我设计这把勺子时，我希望它具有纤细的美，但是，事实是，它具备不可思议的强韧，最重要的是，它好用。制作这把勺子有赖于你在制作铲子时使用的技术。制作铲柄的原则同样适用于此，你可以练习挖好一个更大的勺舀。如果你用的木材尺寸不大并且接近于勺子的最终形状，那么你就不需要使用钢丝锯了，只需要画出模板，用直刃刀来切割就行了。

工具：
铅笔　　模板（纸、卡片）
曲线钢丝锯　　弯刃刀
直刃刀　砂纸　布
蜂蜡膏

木料：
胡桃木

我在工作中用到的所有胡桃木都来自一位本地的细木工。他那儿有大量的边角余料，对他来说，这些边角余料太小了用不上，但很适合我用来制作勺子。胡桃木是制作烹饪勺的理想选材，因为它坚固、有弹性，含水性也不错。

1 用一个模板在你的胡桃木上画出勺子的样子。要把浪费降到最低，让勺柄贴着木材的一侧，这就意味着你可以用一块木材制作出两把勺子。在画线的时候，要尽量避开木材的结疤和裂纹处，因为这些会降低手柄的强度，或者在勺舀部分产生空洞。

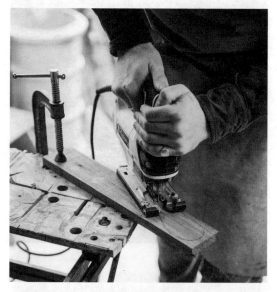

2 将你的工件固定在工作台上，用曲线钢丝锯来切割。切的时候在模板的周围留有一毫米的距离。这样，你切割的时候就不用担心会把勺子的边缘切穿，可以刚好加工到模板的界限。

3 开始用弯刃刀加工勺舀部分，用挖切法从勺子的最远端向自己身体的方向加工。你需要用支撑的手来旋转勺子，同时不能改变切割的力道，这样，你才能挖出均匀的勺舀。

4 你也可以用弯刃刀推切勺舀部分，这样，勺舀边缘的弧度会更精确，勺舀的深度也会更加均匀。

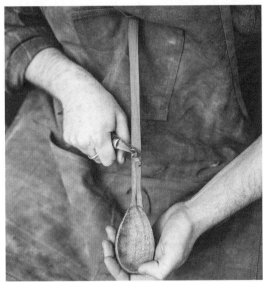

5 一旦你对勺舀的深度已经满意了，你就可以用直刃刀拉切勺柄，就和你制作铲子所用的方法一样。

6 现在你可以开始用直刃刀细化勺舀的背面和勺肩部分，应结合使用推切和细节切割法。不断去除多余的木料，直到你对勺舀的厚度和勺肩都满意为止。

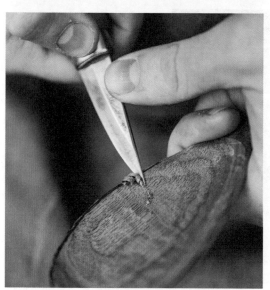

7 花些时间用细节雕刻法把勺子的边缘加工得更平滑是个不错的主意，这样，勺子的每一处的厚薄都会均匀。之后在打磨的时候就容易多了，你不需要用砂纸把废料磨掉。

8 用砂纸打磨勺子，记得要顺着木纹的方向打磨噢。你会发现勺舀部分需要多次打磨才能使表面光滑。我的经验是用手压住砂纸，用大拇指或其他手指裹着要打磨的部分，这种操作，效果不错，这样做，可控性更大，你对打磨部分的质感也会有更准确的感觉。

9 胡桃木的碎屑非常细小，所以要先用一块布把勺子彻底擦干净，然后你才能涂好蜂蜡膏。让勺子整夜吸收蜂蜡膏，第二天你就可以用一块干净的布把勺子彻底擦干净了。

4

黄油刀

用樱桃木制作一把黄油刀

制作黄油刀可以提升你的用刀技巧。在制作这件产品的时候，你只需要用到一把刀，只要你能正确运用它，一件简单的工具就可以让你获得许多不同形状的成品。黄油刀这个东西妙就妙在它的形状没有一定之规。然而，你得学习掌握在小的尺寸上进行细节雕刻，尝试制作出你自己手感最舒适的形状。如果你画好轮廓后，周围没有过多的废料，那就不需要用钢丝锯了，只要用直刃刀去掉多余的木料即可。

工具：
铅笔　模板（纸、卡片）
曲线钢丝锯　直刃刀
砂纸　布　蜂蜡膏

木料：
樱桃木

樱桃木是制作黄油刀的上佳之选，它的纹理密实，干燥后非常强韧，可以很好地胜任日常使用。我选它制作黄油刀的另一个原因是，这件产品可以展示硬木通身美丽的色彩。选对木材，你就可以制作出外观优美的器皿，把木头最好的一面展示出来。

1 制作模板。选好具体的木材部位来制作你的黄油刀。樱桃木这种硬木有变化多端的色彩，因此选好位置画出轮廓线是关键。

2 在工作台上将工件固定好，用钢丝锯切出黄油刀的雏形，一定要用曲线钢丝锯来切，它能把比较窄的形状切割得更精确。

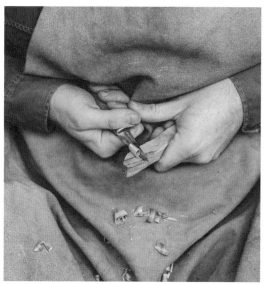

3 开始用直刃刀加工黄油刀刀刃的部分。用剪切法，让你的刀刃与木材的表面持平，把黄油刀的刀刃部分削薄。这样，你就能把薄薄的余料去掉了。

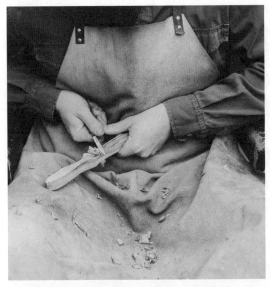

4 现在开始加工黄油刀刀刃与肩部的连接处，这里会过渡到刀柄。用推切法切出卷曲的薄片，完善黄油刀肩部的弧度。

5 当你把多余的木料都切掉后，就可以开始用细节雕刻法完善刀柄的形状了。这时，你需要从刀肩部向下朝向刀柄的末端慢慢切割，专注地加工出你的手在拿着黄油刀时感到的最舒适的形状。

6 在开始用砂纸打磨黄油刀之前，考虑一下木纹的方向。因为刀柄的凸起处与刀刃相连，在用砂纸顺着木纹打磨时会稍稍有些碍事儿，但是要获得一个干净的成品，顺着木纹打磨是非常重要的。这时，你要在手上旋转工件，直到找到最佳的打磨角度。用120粒的砂纸开始打磨，逐步过渡到用320粒的砂纸打磨。

7 用一块布把黄油刀上所有的木屑擦掉，涂上厚厚的蜂蜡膏让刀吸收一夜，第二天早上用一块干净的布把刀抛光。

5

咖啡勺

用甜栗木制作一个咖啡勺

这也许是我最喜欢的一个设计了。制作这个咖啡舀会用到很多不同的技术，对于制作一件相对小的器皿来说，它相当具有挑战性。其中有许多不同的细节，你需要力气和专注才能实现。制作这个咖啡舀时，你学到的技巧可以用于制作其他各种设计和形状的勺子或者比较深的舀。虽然我用这个舀来盛咖啡，但你也可以用它来装其他干燥的东西。

工具：
铅笔　模板（纸、卡片）
曲线钢丝锯　弯刃刀
直刃刀　砂纸　布
蜂蜡膏

木料：
甜栗木

有时候甜栗木被称为"穷人的橡木"，不过，我想它也许是我最喜欢的英国本土出产的硬木之一。它用途很广，色彩多变，为你呈现从浅棕色到深巧克力色等各种色调。它可能有着笔直的木纹，然后会突然出现惊人的螺旋形或者别的花纹，你可得对这些木纹多加考虑，这会让你的切割工作变得很复杂。

1 对于制作这件产品来说，选材非常重要。挑选木材的漂亮直木纹的部分，仔细检查，确保没有一点结疤和裂纹。因为它的勺舀部分很深，所以你得确保这部分的木材没有任何瑕疵。一旦你选好了木材，用模板画出轮廓线，花点时间确保勺舀的部分是圆形的。

2用曲线钢丝锯切出咖啡匙的雏形，这次要特别小心，因为你要加工的木头比本书之前提到的制作的所有产品用到的木头都要厚，我们得用这么厚的木头才能加工出那个深深的勺匙。

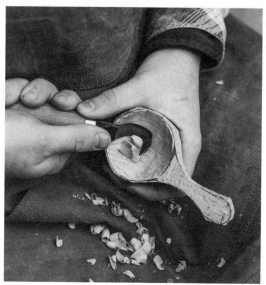

3当你切出雏形后，就开始用弯刃刀加工勺匙的部分。用挖切法去掉大量的余料很有效，然后你可以用推切法来完善勺匙的形状，并且让勺匙变得更深。

4 继续加工勺舀部分，用直刃刀去掉勺舀背面的余料。用剪切法你可以快速去掉大量的余料。记得调整你手里勺舀的方向来转换切割的方向。这样能确保你不会逆着木纹切割。

5 花些时间，用细节切割法制作出从勺肩向勺柄末端的完美流线。一旦你对勺柄的形状满意了，就用直刃刀重新加工勺舀的部分，制作出厚薄均匀的勺舀边缘。保持刀刃与木材的表面处于水平，这样，你可以削掉上端少量的余料，就像你制作烹饪勺时那样。

6 如果你对咖啡匙的形状已经满意了，就可以开始打磨了。逐一使用不同粒度的砂纸（从120粒到320粒）打磨咖啡匙，直到表面的手感非常光滑，并且没有用粗砂纸打磨产生的明显的划痕为止。

7 把咖啡匙彻底擦干净，然后仔细涂好蜂蜡膏。让木头吸收一整夜，第二天早上擦掉咖啡匙表面多余的蜡并抛光。

切菜案板

用回收枫木来制作一个实用的切菜案板

切菜案板是厨房里的必备之物。通过这个简单而实用的设计，你可以学习如何使用日式锯锉，并且开始加工一些比普通器皿的尺寸更大的产品。本书中提到的案板是比较大的，不过，你可以自己根据你所能掌控的木材尺寸来决定案板的大小。

工具：

铅笔	直刃刀	夹具
日式锯锉	砂纸	布
蜂蜡膏		

木料：

枫木

我所用的厚的枫木板是从一位本地木材商的废料堆里找到的。枫木有密实的质地，因此很适合用来制作案板。也就是说，它易于保持清洁，几乎不会有食物掉进敞开的木纹里。它的密实和强韧让你在日常切剁食物时得心应手。我推荐的其他可以替代枫木的硬木是槭木、榉木和胡桃木。

1 我这次用的枫木板是一大块板材的边角料。这一整块刚好合适，只要把边缘去掉点儿就行了。你也不用制作模板了，只要在边缘处画出标记线，作为斜角开始的指示就行了。

2用直刃刀拖切，把案板最长边的余料去掉。记得要两条边轮流着切割，这样，切割出来的斜角才能对称。

3现在开始加工案板的短边，可以结合使用拖切法和推切法。当你需要切断木纹时，使用这两种不同的方法是非常重要的，这样，你的成品才能光滑而匀称。

4 一旦你把多余的木料都切掉，并且对斜角的形状满意了，你就可以专注于案板的四个角了。我选择的是用推切法加工出尖角，当然，你也可以根据自己的设计制作出有弧度的圆角。

5 现在把案板固定在工作台上，开始使用锯锉加工。锯锉是向下推着来切掉木头的，所以你需要朝一个方向用力，不要像使用普通锯那样来回拉。锯锉也是一面粗糙一面比较平滑。用粗糙的那一面开始加工边缘的形状，然后在你对形状满意后，就可以开始用平滑的那一面来打磨每一小部分的边缘，使整个边缘变得匀称。

6 平滑的那一面锉出来的效果接近于用粗砂纸打磨出的效果。当你开始打磨时，记得要逐步使用不同粒度（从粗到细）的砂纸打磨，这样，你就能制作出一个匀称的成品。最后用320粒的砂纸来打磨，你的案板表面会像丝绸一样光滑噢。花些时间来打磨你的案板以获得高品质的成品是非常值得的。

7 在打磨好并擦干净案板后，给它涂上厚厚一层蜂蜡膏，让案板竖着吸收一夜。第二天，将案板擦拭干净并抛光。

上菜案板

用回收橡木制作一个上菜案板

制作一个上菜案板时可以很好地运用你在制作勺子时学来的技巧，同时制作这件产品还会用到新的工具和技术。我会教你如何根据一块回收木的形状来设计，而不是找到一块完美的木材来实现既定的设计。而且，往往这样，你制作出来的案板会更有趣。这是一种很棒的加工方法，它使物品的形状和弧度更自然，并且让你有机会把木头的质地和纹理凸显出来。

工具：
铅笔
模板（纸或卡片）
曲线钢丝锯
夹具　　直刃刀　　钻
砂纸　　布　　蜂蜡膏

木料：
橡木

你会经常碰见回收的橡木，它们可能是旧地板，也可能是废弃的架子。对于制作上菜案板来说，它们有着完美的宽度和厚度。在这件产品上，我用的橡木是从一位本地细木工那儿找到的边角余料。通过这种方法找到的回收木材相当不错，因为你不需要专业的工具和设备了。一个钢丝锯就是你全部所需。

1 用铅笔在木头上画出上菜案板的形状。你可以用模板画出，也可以徒手画出，这取决于你脑海里的设计。

2 用钢丝锯切出你设计的形状，要特别小心那些坚硬的角。在一个工作台或者牢固的面上夹紧你的工件，以确保你切割时是安全的。你需要一个曲线钢丝锯，这样，你切出的线条才能干净利落。

3 开始用直刃刀拖切来打造手柄的形状。一旦你完成了手柄长度的加工，你就可以用推切法来雕刻手柄顶端的弧度。这是个很好的示范，因为你在此会碰上木纹方向的改变。最好的解决办法是不断旋转你的案板，这样，你就可以从反方向切割。

4下一步，在手柄上钻孔。孔的尺寸取决于你选定的案板的尺寸。选好大小适合的钻头，这样才能确保钻出的孔尺寸精确。

5一旦你钻好了孔，就可以开始用直刀的刀尖来完善和修整边缘的部分。

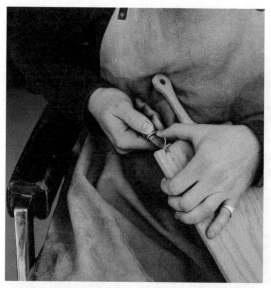

6 在完成手柄的形状制作后，你可以开始关注手柄的肩部。在此，结合使用细节雕刻法和推切法会有助于你制作出优雅的线条，并且确保从手柄到肩部的衔接是流畅的。

7 在案板的每一条边顺着木纹加工可以让你获得更柔和的线条。再次使用拖切法，你的目标是通过切出薄薄的、均匀的、带状的刨花来完善每一条边的形状，要保持你的刀刃与工件平行。

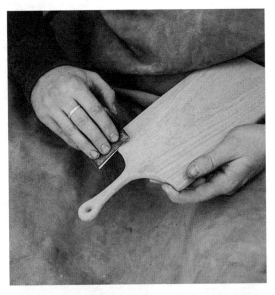

8 一旦你制作出了整个案板的形状，并且对你用直刃刀加工出的成品比较满意了，你就可以转而开始用砂纸打磨案板的表面，来作一个完美的收尾。一直顺着木纹加工，从案板的边缘开始打磨，逐步使用不同粒度（从粗到细）的砂纸打磨，直到你用到320粒的砂纸打磨为止。

9 用一块布彻底擦拭案板，尽可能去掉所有的碎屑。用一块干净的碎布在案板上涂上一层蜂蜡膏，让案板吸收一整夜，第二天早上擦掉多余的蜂蜡膏。

8

小橡木碗

用新伐橡木制作一个小橡木碗

这件产品是制作容器的一个很好的入手点。我既是一个木头车工也是一个木头雕刻工，所以对于制作碗、盆等这些容器，我是抱有极大热情的。雕刻一个碗和车出一个碗，工序看起来基本上一样，但结果却完全不同。也许是因为倾注的时间，也许是你能看见每一次切割所带来的变化。制作这件产品能教会你如何使用雕刻凿，它对你的工具箱会是个很棒的补充。

工具：
圆规　　　铅笔　　　夹具
10毫米雕刻凿
6毫米雕刻凿
钢丝锯　直刃刀　弯刃刀
砂纸　　布　　　蜂蜡膏

木材：
新伐橡木

橡木的用途很广。当它是新伐木时，可以很方便地用手动工具来加工，并且当它干燥后，会变得异常坚固。我在此说明了如何处理新伐木，你也可以方便地用干燥的边角余料和回收木来替代。我建议使用新伐木的原因是，它用雕刻凿加工起来更容易，所以，如果你找到一段新砍下的枝干，你会发现工作起来更顺利。

1 用一个圆规标记出你需要的碗的外径。碗的大小取决于木头的尺寸。我用链锯切下原木上的一小块橡木来制作这个碗，不过用斧子把一段稍小的枝干劈开两半也可以。

99

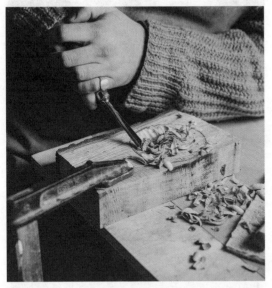

2 在一个稳定的工作面上找一个适当的位置将木头夹好，这次我们要用10毫米的凿刀，从靠近自己身体的这边开始横向切木纹，进行加工。用凿刀的时候要确保别让刀朝向自己身体的方向。你会发现，这个时候站着工作会更容易，因为这会让你把一部分重量压在正在切割的手腕上，从而对工具产生最大的控制力。与其试图立刻把尽可能多的废料去除，不如专注于用凿刀均匀地切出刨花。从长远来看，这样做反而比较轻松。

3 当你对刨出的深度比较满意后，就可以开始用6毫米的凿刀沿着画好的圆来修整碗的边缘了。你需要调转工件的方向，然后交替使用10毫米和6毫米的凿刀，10毫米的凿刀用来去除大块的废料，6毫米的凿刀用来完善碗的内部。

4 一旦碗的内部光滑、均匀了，你就可以用钢丝锯把碗锯下来。确保钢丝锯的刀刃够长，这样才能把这么厚的木头切透。要慢慢切才能切得平滑。

5 现在开始用直刃刀切割碗的外部。你需要用到稍有变化的拖切法，用大拇指作为一个支点，握紧工件朝自己身体的方向切。这个切法和你用弯刃刀挖切有点儿类似。一定要特别注意并且随时关注你手指的位置，因为你的手指正在紧贴着刀刃工作。

6 一旦你完成了碗的外部形状的制作，就可以用弯刃刀完善碗的内部，消除凿刀加工留下的痕迹。用挖切和推切的效果不错，但是要牢记处理好手指和刀的位置以避免可能带来的损伤。坐下来让你的手靠近你的身体，这样工作能确保稳定性和控制力。

7 一旦你对碗的深度和碗壁的厚度都满意了（你可以用细节雕刻法切割碗底，确保碗能在平面上放稳），就花些工夫完善碗的边缘。用直刃刀的刀尖将少量多余的木头去掉。在完成之前放着碗，让它干燥几天。要想干得更快你可以用报纸包住碗，但是不要让碗直接靠近热源，因为这样它可能会开裂。

8 一旦碗干燥以后，它的重量会变得稍微轻一些，因为水分蒸发了，你可以开始用砂纸打磨碗了，用120粒的砂纸打磨碗的内部，快速去掉不平的凸起，然后顺着木纹打磨出成品。打磨碗的外部的方法和打磨内部的一样。

9 用一块布将碗彻底擦拭干净，涂上适量的蜂蜡膏。在第二天抛光前让木头吸收一整晚。

小切面

在咖啡勺上制作小切面

虽然大多时候我是用砂纸来完成制作产品的最后一步，但是有时我也喜欢用刀刃来收尾。通过刻出小而清晰的切面，使木头的表面更有质感，你可以制作出许多极具个性的平面，它们会反射光线，赋予成品不可思议的质感。要做好这件事，你必须有一把非常锋利的刀，所以在做收尾的雕刻前先磨刀是个不错的主意。在着手开始这一步的工作前，请先看第124页的进一步详细介绍。

工具：
铅笔
直刃刀
砂纸
布
蜂蜡膏

1 现在我教大家怎样在咖啡勺的背面切出小切面。这项技术对于制作勺舀类的器皿非常有效，因为有比较大的表面可以加工。从一个已经制作成最终形态的咖啡勺背面入手。在咖啡勺背面画一条等分线。

2 从使用直刃刀有控制地切出小面开始。最先从勺背顶端的中心点开始加工。不断地这么做，你就能看出自己喜欢什么长度和尺寸的小切面了。

3 现在开始用另一个方法加工，从中间开始向下，朝着手柄的方向切割。这确保你能获得干净的切面，而不会逆着木纹切割。用细节雕刻法去掉薄薄的小刨花，试着让切割的长度和深度尽可能均匀。要记住，这可是成品的表面，所以你的目标是保持整体形状的同时增加成品的质感。

4 一旦所有的切割都完成了，就花些时间来检查，以确定你对成品满意了。在哪儿结束小切面以保持其与手柄的和谐也是个值得思考的问题。你可以在纹路开始的地方作出清晰的界限，也可以用砂纸打磨出一个平滑的过渡。

5 当你对成品满意了，就用一块布彻底擦去木屑，然后涂上蜂蜡膏。这会让小切面反射更多的光线，提高它的光泽度。

火烤

烤制一把烹饪勺

烤制是改变木头外表和色彩的简单有效的方法，同时还不会失去原有的木纹。尽管这项技术可以运用于许多不同类型的木材，但是我已经发现在硬木上用它效果最好。在这个环节中，我烤制了胡桃木烹饪勺（详见第60页）的手柄，这赋予它深暗的颜色和美丽的光泽。只烤制勺子的一部分，会让连接勺柄和勺端的勺肩处形成优美的过渡。这只是运用这个技术的一个例子，我鼓励你们在其他产品上进行实践，它们可以是勺子、案板或其他成品。你得先确定，你有一个可以进行烤制工作的平面，即便烤焦了，你对此也不会在意。一些旧的脚手架搭板或者胶合板是不错的选择。同时我们建议在通风的环境里工作，因为你在使用喷枪时会产生烟雾。

工具：
喷枪
防护手套
防护眼镜
布
砂纸
蜂蜡膏

要做这个步骤，你需要这样一把勺子，它的勺舀部分已经被打磨至成品状态，但勺柄只是用120粒的砂纸粗略打磨过。这是因为，当你烤制木头的时候，表面会燃烧，形成漂亮的、炭化的表层。在这之后再用细颗粒的砂纸打磨勺柄，去掉多余的木屑。

只烤制勺子的一部分，会
让连接勺柄和勺端的勺肩
处形成优美的过渡

1 用手握住喷枪，保持喷枪头和勺子之间的距离为5厘米。沿着勺柄上下烤制，用另一只手旋转勺子，以确保烤制均匀。

2 烤完预设的部位，等勺子冷却了，用布彻底擦干净勺子，然后开始打磨，逐步使用不同粒度的砂纸打磨勺子。

3 在打磨的过程中，每换一次砂纸之前都要把勺柄彻底擦干净。你也许需要在打磨之后再次烤制手柄，不断重复这个过程，直到你完成了所有要烤制的部分。

4 用一块布不断地抛光手柄，直到再也擦不下来什么。现在你可以给勺舀涂上一层蜂蜡膏了。在给勺舀涂蜂蜡膏时，你最好用另外一块布，这样就不会有火烤留下的木屑粘在没有烤过的木头上了。

上乌木色

为小橡木碗涂上乌木色

上色是一个让人难以置信的过程，即便它就发生在你眼前。它的基本原理是让木头中的单宁和氧化铁发生化学反应。单宁是树木中抗腐蚀的天然成分，氧化铁就是我们通常说的铁锈。你可以自己制作铁溶液，把钢丝球或者铁钉泡在醋里就行了。然后把这种溶液涂在富含单宁的木头上，比如，橡木，你可以制造出这种化学反应使木头的颜色变黑。根据单宁含量的不同，你将获得深浅不一的黑色，从蓝色到紫色，再到炭黑色。在此，我会教

你怎样给一个小橡木碗（详见98页）上乌木色。因为橡木和胡桃木的单宁含量很高，所以我建议在这两种木头上上色。

工具：
罐子或容器
水
白醋
铁钉或钢丝球
画刷
布

> 上色是一个让人难以置信
> 的过程，即便它就发生在
> 你眼前

1 以2比1的比例将水和白醋倒入一个大罐子或其他容器，将钉子或钢丝球泡入其中，静置。一周之内里面的液体就会变为橘棕色，因为铁开始生锈了。不要给你的罐子盖上盖子，因为醋和铁发生化学反应时会产生一些气体，这些气体是需要排出的。

2 钉子放置在溶液里至少一周后，表面会有一层铁锈，液体会变成棕色或橘色。

3 用一把画刷，开始向木头的表面涂上锈醋溶液，等着发生化学反应吧。如果你用的是橡木，化学反应会很快，你可以看到变色在你眼前发生。如果你希望加深颜色，就仔细观察颜色的变化并在橡木上涂上更多的溶液。

4 你可以多涂几层，让每一层都干透，直到颜色不再变深为止。一旦你对颜色满意了，就可以用一块布将木头的表面彻底擦净。这可能会导致一定程度的掉色，但是要继续擦，直到用布再也擦不下颜色。你可以把上过色的成品放置在某处让它干燥，同时让醋的味道散发掉。

5 等它干透了，涂上一层蜂蜡膏。你需要用另外一块干净的布来涂，以免粘上成品上掉下的颜色。让木头吸收整夜，第二天早上彻底抛光。

砂纸打磨

并非每个木艺雕刻者都会选择用砂纸打磨这个步骤。这取决于个人偏好，但是我发现自己喜欢使用经过砂纸打磨出来的成品和表面。用砂纸打磨，对于本书中的提到每一件产品并非必不可少。不过，对我而言，打磨会赋予成品额外的细腻感，并且使物品的外形质朴而优雅。它还有实用的功能。打磨吃饭用的碗或者烹饪勺能让它们的表面光滑，减少食物卡在木纹里的可能性，同时更易于清洗。

我用了四种粗细程度不同的砂纸，120粒是最粗糙的，依次使用到180粒的、240粒的，最后用到320粒的，它是最细的。用从粗到细的砂纸加工很重要。当一开始用120粒的粗砂纸打磨时，它会制造出肉眼清晰可见的划痕。当你逐步使用更细的砂纸打磨后，划痕也会越来越细小，直到非得用放大镜才能找到。

打磨时要记住的最重要的事情

> 对我而言，打磨会赋予成品额外的细腻感，并且使物品的外形质朴而优雅

是，永远要顺着木纹的方向打磨，不要横穿着木纹打磨。如果打磨的方向垂直于木纹，你会发现很难把形成的划痕打磨掉。顺着木纹打磨能让砂纸的颗粒把木头的表面打磨光滑，而不会破坏木头表面的纤维。当你使用砂纸打磨时，它的表面很快就会积上一层木屑。如果出现了这种情况，就在一个平面上擦拭砂纸，让木屑粘在这个平面上，用一块皮子或者粗布围裙都可以。你会发现用砂纸手工打磨很费时间，但是你得到的成品会是你倾注的时间和精力的最好回报。

蜂蜡膏

市面上有许多产品都能用于木头上作为收尾，但是我用自己的蜂蜡膏来完成我制作的每一件木艺作品。这个简单的秘诀能让你获得完美的收尾，蜂蜡膏的使用可以让木头散发出自然的光泽，展现木头的温润的纹理。在为木头提供防水保护层的同时，它也具有食品级的安全性，每一种涂过蜂蜡膏的产品都可以安心使用，正常洗涤。

这个秘诀可以让你获得一大玻璃保鲜罐的蜂蜡膏，并且可以让你使用很久。

工具和材料：
1升纯矿物油
500克纯蜂蜡球
大号深平底锅
加热源
玻璃保鲜罐
茶巾

1 基本的配比是两份矿物油配一份蜂蜡。先量出500克蜂蜡球和1升矿物油。用沸水或洗碗机来给玻璃保鲜罐消毒。

2 把矿物油倒入大号深平底锅，开最小火。加入蜂蜡球，稍稍加热，直至蜂蜡开始融化。轻轻搅拌确保这两种成分彻底融合。混合物一旦变得透明就马上将它远离火源，放置冷却。

3 让蜂蜡和油冷却5到10分钟，然后将混合物倒入玻璃保鲜罐。倒的时候当心不要被烫着。

4 敞着罐口放置混合物。用茶巾盖着保鲜罐，确保没有东西掉进去。让蜂蜡膏静置整夜，当它彻底冷却就会变得浑浊。这样就可以使用了。

5 用密封圈封好保鲜罐，保存于阴凉背光处。

工具保养

保持工具的锋利，并且确保它们得到很好的保养，这些都是匠人工作的重要组成部分。钝的、不锋利的工具很危险，而使用锋利的刀刃通常比使用钝刀要安全得多。锋利的刀比钝刀带给你更多的可预见性和可控性。只要对锋利的刀刃稍加施力就能完成较好的切割。

我将说明如何打磨直刃刀和弯刃刀，只要稍加尝试你就能发现它们之间的不同。

> 钝的、不锋利的工
> 具很危险

花些时间磨刀会让工作更高效，不过一旦你开始打磨工具，就每一次都要把它彻底磨锋利了才能收工。

在短时间内，我就领悟到了打磨工具的益处。切割变得轻松，随之而来的是你工作中的掌控力和细节也更加精准。切割木头时发出的声响会很好地体现你打磨刀刃的效果。我把它比作新鞋在脚下发出的嘎吱声。我已经尝试了不少种不同的打磨方法，从普通砂轮到锐化系统，不过我得出的结论是，有些时候最简单的方法反而是最好的。

在此我将向你展示怎样制作出属于自己的基本磨刀工具，这些工具可以适用于直刃刀和弯刃刀。

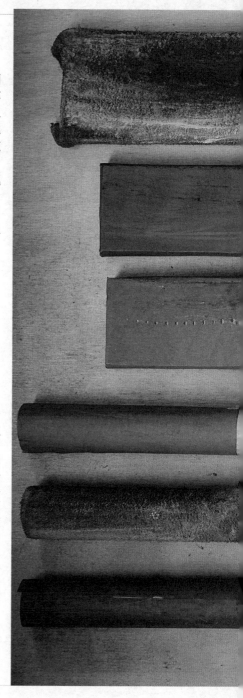

打磨

直刃刀

工具和材料：
防水容器
水
磨刀石
AUTOSOL（一种德国品牌的金属
抛光膏，或者你也可以用其他品
牌的金属抛光膏）
磨刀皮带（真皮）
棉布

1 往容器中倒水，让水没过磨刀石。让磨刀石在水中浸泡5到10分钟，你会看到有气泡冒出。

2 一旦磨刀石不再冒出气泡，就把它放置在一个平面上，确保磨刀石的表面还是湿的。如果有必要，可以从容器里拿出一点水洒在磨刀石上。一定要让粗糙的一面朝上，因为它将最先被用到。

3 将刀刃的斜角平置于磨刀石表面，一只手握住刀柄。用另一只手向刀刃施压，保持刀刃平行于磨刀石，然后沿着磨刀石的长向朝远离自己身体的方向推动刀刃。

4 从磨刀石的另一端开始，把另一面的刀刃斜角水平放置于水磨石上。用同样的握刀方法，沿着磨刀石的长向朝自己身体的方向拖动刀刃。如果你只是让刀刃表面恢复锋利，那么每一面刀刃磨10到15个来回就可以了。注意确保磨刀石的表面是湿透的。如果刀刃的表面已经有凹陷了，那就需要重复这个动作，直到刀刃边缘完全平滑为止。

5 现在把磨刀石翻过来，让比较细腻的那一面朝上，将石头的表面弄湿，重复这个过程。相比于打磨而言，这更像一个珩磨的过程。用这一面石头来磨可以抛光刀刃的边缘，并且能去除刀刃上的毛刺。

6 最后在皮带的表面涂上少量的AUTOSOL牌金属抛光膏，用抛光膏揉搓皮带。将刀刃的斜角水平放置于皮带底部，朝自己身体的方向拖动刀刃。每一面刀刃重复10次。

7 当刀刃表面闪着打磨过的光芒时，就可以用一块布彻底擦拭刀刃了。要小心，这时候，刀刃的边缘像剃刀一样锋利。

弯刃刀

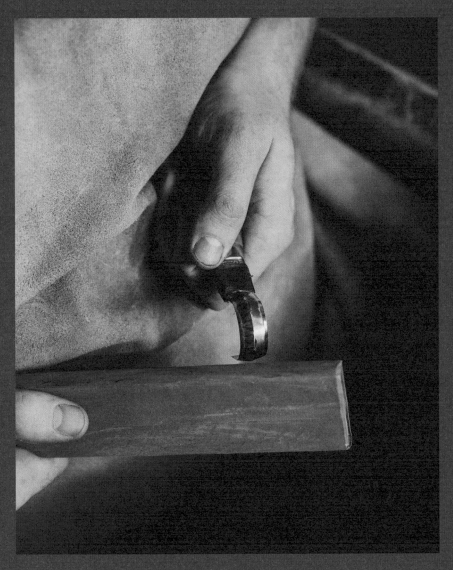

工具和材料：
干湿两用砂纸（600粒和1500粒）
2片软的皮子
3块长条形木头（长30厘米×宽4.5厘米×厚1厘米）
PVA胶
3个长的木栓（长22厘米×直径2厘米）
木工笔
AUTOSOL（一种德国品牌的金属抛光膏，或者你也可以用其他品牌的金属抛光膏）
棉布

1 先剪下一块600粒干湿砂纸（25厘米×12厘米），一块1500粒干湿砂纸（25厘米×12厘米）和一块软皮（25厘米×12厘米）。现在用胶水把上述材料分别粘在一块长条形木头上，要使每一块都完全包住木头，最后的接缝要刚好在木头底面的中线上。要确保使皮子的背面牢牢地粘在木头的表面。

2 重复第一个剪切砂纸和软皮的步骤，不过，这一次的尺寸都变为12厘米×10厘米，然后把每一块粘在长木栓上。这些你做好的打磨工具让你可以处理弯刃刀的弯曲处。

3 用木工笔为刀刃的斜角涂上颜色。这样，你能看清楚砂纸和刀刃接触的位置。如果刀刃上还有墨水，就说明这个部位没有被砂纸打磨到。

4 用长方形的磨刀工具先打磨外侧的刀刃。每一边的刀刃都要单独打磨。先用粘有600粒砂纸的方形工具，从刀刃的上端向边缘的方向打磨。只在这一个方向打磨，千万不要来回地打磨，否则你会弄坏刀刃。当你用600粒砂纸磨掉刀刃上的全部墨水后，在刀刃上重新涂上墨水，然后用1500粒的砂纸重复这个过程。你会发现用更细的砂纸打磨后，刀刃变得更有光泽了。用这个方法完成了刀刃的一侧的打磨，用同样的方法打磨刀刃另一面。

5 现在开始打磨刀刃的内侧。把刀刃内侧放在圆形的600粒的砂纸上打磨几次，让砂纸的表面尽可能地与刀刃平行，然后用1500粒砂纸重复打磨刀刃的内侧，两边都要打磨到。

6 现在在方形皮质工具的表面涂上金属抛光膏，然后用砂纸工具以同样的方式打磨刀刃的外侧，这样就可以把打磨过程中的细小毛刺去除。

7 用皮质木栓以同样的方式打磨刀刃的内侧。

8 当抛光后表面发出光芒后，用布彻底擦拭刀刃，擦拭时要当心锋利的刀刃边缘。

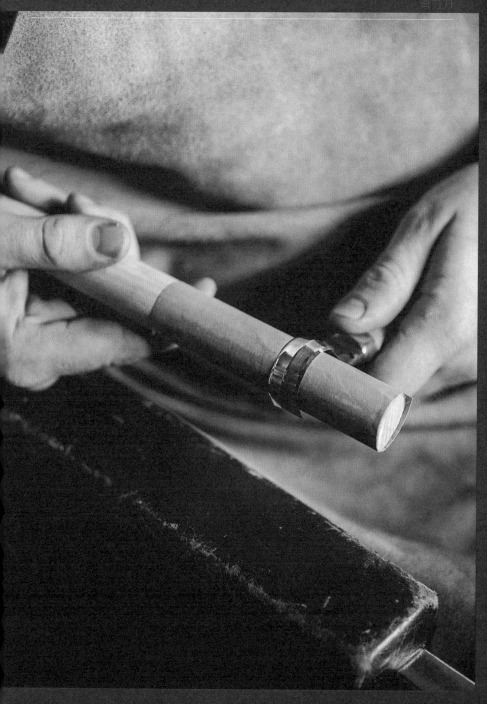

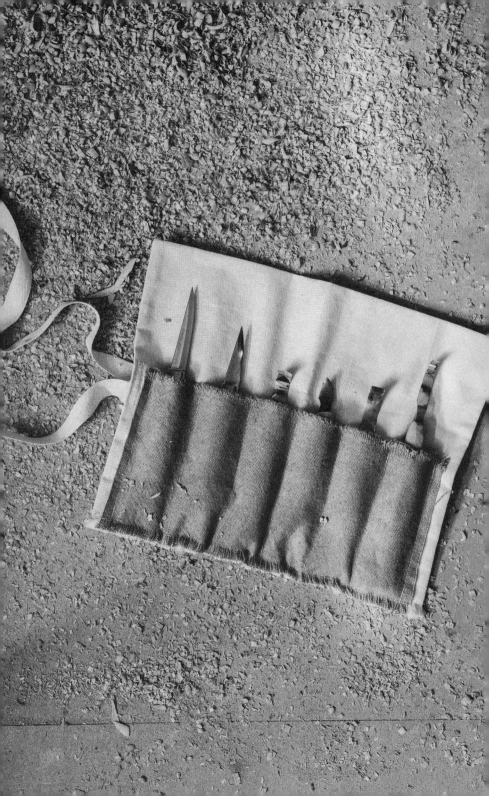

工具袋

已经花费了这么多的时间和精力打磨你的工具，那就一定要找个安全的方式来放置和保存它们，以保持工具的良好状态。保护好工具意味着可以使用它们更久，无需频繁打磨。一个工具袋就能轻易地实现这些功能。在此我教你们怎么样制作出一个最简单的工具袋，有了它就能好好地保存自己的刀具了。我用的是加厚帆布和一块厚的棕色棉布制作，当然，你也可以用手头上有的材料。越厚重的布料越好，这样，在折叠后，布料的边缘可以更好地保护刀刃。我用缝纫机缝制工具袋，如果你没有缝纫机，用手工缝制也是一样的。唯一的区别是把它们缝在一起所花的时间不同。

保护好工具意味着可以使用它们更久，无需频繁打磨

工具和材料
厚重的布料（帆布、棉布、羊毛、斜纹布、皮子都可以）
尺子　　　　　石墨铅笔或粉笔
缝纫机　　线　　棉布带
别针

1 摆好所有材料，在帆布上画出一个长方形（38厘米×56厘米），在厚棕色棉布上画出长方形（34厘米×15厘米）。用一把锋利的剪刀沿着画线将这两块布剪好。

2 沿着长边对折较大的那块长方形帆布，然后把相对的两个短边缝上。用缝纫机简单缝平针就可以了。

3 将缝好的帆布翻过来，这样，毛边就看不见了。你可以用铅笔尖把两个角顶出来，这样边角会更清晰、利落。

4 将小的棕色长方形布料的底边与帆布口袋敞开的那条边对齐。确保小的长方形位于帆布的中间，距帆布两边的距离一样宽。棕色布料距离帆布上端为4厘米。用平针把棕色布料的底边与帆布的敞口这三层布料缝在一起。

5 现在你可以把棕色布料的两个短边缝在帆布上了，这样，你就完全把它固定在帆布上了。

6 用你的粉笔或者石墨铅笔把棕色长方形等分为6个小口袋，画好

放入刀后，先把上端的帆布折起来包住刀刃，然后再把整个工具袋折叠起来

线。沿着每条线用平针缝好。注意在每一道线开始和结束的地方都要来回多缝几针，让线更结实。

7 剪下两段40厘米长的棉布带子，把他们铺在工具袋的背面，方向相对。把带子在帆布上别好。

8 在别好的位置把棉布带子缝上。缝的时候记得要把别针拿掉，免得你的针崩坏。

9 你的工具袋现在制作好了。把刀放进小口袋里看看是否合适。放入刀后，先把上端的帆布折起来包住刀刃，然后再把整个工具袋折叠起来。用带子捆好工具袋，然后打一个结。

资源

本书中所提到的全部工具和材料都可以在当地的 DIY 商店或者网上找到，不过，我在此列出我最中意的几个供应商供你选择。我的愿望是，通过写这本书让人们步入木艺的世界，而不会为昂贵的工具和装备花费过多。作些调查研究来找到当地适合你的东西是很值得的。无论你身处何地，你都能找到开始进行木艺雕刻所需要的一切。我全职经营我的"森林与发现"，并且非常乐于回复那些向我提出意见的人们。如果你也想联系我，后面附有我详细的联系方式。

森林木艺提供者（商家名，WOODLAND CRAFT SUPPLIES）
网址：www.woodlandcraftsupplies.co.uk
电子邮件地址：matthew_robinson_uk@yahoo.com
我从这里找到的：
莫拉（品牌，Mora）120直刃刀
莫拉（品牌，Mora）162弯刃刀
格兰斯福斯（Gransfors）野外生存短柄小斧

阿克斯敏斯特（品牌，AXMINSTER）工具与设备
网址：www.axminster.co.uk
电子邮件地址：cs@axminster.co.uk
我从这里找到的：
日式锯锉（Shinto）
雕刻凿刀（Kirschen）
干湿两用砂纸（碳化硅）　600粒~1500粒

ITS
网址：www.its.co.uk
电子邮件地址：sales@its.co.uk
我从这里找到的：
钻头
钢丝锯
弧线刀刃

木制品指南
网址：www.wood-finishes-direct.com
我从这里找到的：
砂纸　120粒~320粒

亚马逊
网址：www.amazon.co.uk
我从这里找到的：
矿物油
纯蜂蜡
Autosol牌金属抛光膏

森林与发现
网址：www.forest-and-found.com
电子邮件地址：contact@forest-and-found.com

词汇表

Autosol：一种常用的金属抛光膏品牌。

axe（斧子）：一种用来加工新伐木的工具。

bevel（斜角）：刀刃边缘的斜面。

blank（雏形）：在雕刻之前，用木头做出的勺子的粗略形状。

bowl（勺舀）：勺子上端的凹陷处。

bulk waste（废料或余料）：在完善一个物品的形状之前需要去除的多余木头。

burr（毛刺）：打磨之后留在刀刃边缘的不平滑处。

carving gouge(雕刻凿刀)：有凹面刀刃的凿刀。

close-grained（密实）：木头的纤维紧密的排列在一起形成密实的木材。

concave（凹面）：向内弯曲的表面。

curve cut blade（弧刀刃）：一种用于切割弧线的钢丝锯刀刃。

crook knife（弯刃刀）：为了挖空木头而使用的一种弯刃刀具。

ebonising（上乌木色）：它是通过让木头中的单宁和氧化铁发生化学反应使木头变为黑色的过程。

faceting（小切面）：用刀刃在木头表面上切出的作为收尾的小面。

figuring（木纹）：木头质地的一种特殊的形式。

finishing cut（收尾的切割）：在用砂纸打磨前用刀做的最后的切割。

Forestry Commission（林业协会）：英格兰和苏格兰管理森林的政府部门。

grain direction（木纹的方向）：在一块木头上，木质纤维延展的方向。

greenwood（新伐木）：新砍伐的含水量很高的木材。

grit（粒）：砂纸从粗（120粒）到细（320粒）的不同等级。

hardwood（硬木）：取材于阔叶树，质地紧密适于雕刻的木材。

heartwood（芯材）：树干中心木质紧密的部分，可以制成最坚硬的木材。

honing（珩磨）：打磨刀刃的最后一步，可以把毛刺全部去掉。

iron oxide（氧化铁）：铁和氧产生的化合物，通常会引起铁锈。

knot（结疤）：木头上紧密的螺旋纹，是由树干上的枝杈造成的。

Local Authority（本地权威部门）：政府管理部门。比如，本地的政务机构。

pure beeswax（纯蜂蜡）：没有添加石蜡的蜂蜡，普遍用于产品抛光润色，并且使器皿具有安全性。

running stitch（平针）：缝一条直线，缝纫机最常用的方法。

saw rasp（锯锉）：两面都有锯刃的一种工具。

scorching（火烤）：用火烤的方法使木头的颜色变深的过程。

shoulders（肩）：手柄和器皿主体的过渡连接部位。

stock material（多余的材料）：在完善物品形状前需要去除的多余的木材。

storm-damaged（被暴风雨损坏）：树木被风刮倒或者被雷电击中的情形。

straight knife（直刃刀）：一种用于雕刻木头的直刃刀具。

tannin（单宁）：树木中的一种有机酸，是树木中天然的、作为自我保护的成分。

tree surgeon（树木整形师）：修剪或治疗老树或被损坏的树木的人。

water-stone（水磨石）：用水做润滑剂的用来磨刀的石头。

wet and dry（干湿两用）：一种非常细的高等级砂纸。

wood grain（木纹）：木头纤维延展的方向形成的纹理。

workpiece（工件）：正在雕刻加工过程中的半成品。

索引

140

结束语

木艺雕刻这门手艺已经流传了千百年，在岁月的长河里留下了许多实用而精美的物品，我希望能让祖先留下的这门技艺得以传承，并且流芳百世。

我希望这本书和书中的产品能激发你的自信，教给你有关木艺的知识，让你能开启自己的木艺设计。

写作这本书像一个旅程，在途中我遇到了一些令人惊叹、具有天赋的人，没有他们我也不可能完成本书。

我想，我第一个要感谢的人是凯尔出版社（Kyle Books）的朱迪斯。第一次与我联系的时候，她问我是否有兴趣写作此书，我的第一反应是："什么，我？"我非常高兴她让这个体验如此美好，使我对原本可能存在不足的工作又充满了自信，所以我要对她说声谢谢，感谢她对我的工作所怀有的信心，并且看到了将我的工作转化为出版物的潜能。

我想对凯尔出版社（Kyle Books）的凯尔致以深深的谢意，是她推动着这个项目的发展，如果没有她的支持和帮助，这本书是不可能完成的。我的编辑索菲亚·艾伦，在整个过程中，她起到了重要作用；她费心厘清了我因为过于兴奋而含混不清的邮件内容，尽可能疏导了我过于激进有时甚至危险的想法，使本书的写作和构思变成了一件令人愉快的事情。

如果没有我们这位了不起的设计师蒂娜·史密斯的持之以恒地辛勤工作和努力付出，当然，也就不可能有这本书。从我们第一次交谈开始，我就知道我们能掌控局面了，她总能有办法使我电话里所说的含混的词意变得清晰，并且使那些甚至有些怪异的只言片语变得

富有意义，更进一步使它们变成为美好、简洁的内容。谢谢你。

关于这本书应该具有的模样和它带给人们的感觉，在我的脑海里有清晰的想法，而迪恩和杰西卡·赫恩的想法与我不谋而合，是他们使这本书呈现出应有的样子。从关于这个项目的第一个电话起，他们为自己负责的工作作出了持续的努力并且非常谦逊。他们对每一帧照片的独特视角成就了这本美丽的图书。他们二位是我见过的人里最为和善、有趣的，我希望能和他们成为永远的朋友。

我要感谢来自"树木设计师"的图尔、克里斯、艾玛和亚当。有了他们慷慨和无私的帮助，我才有了那些美丽的胡桃木和橡木来完成本书中的部分制品。有机会与这么棒的匠人一起工作真是非常奇妙，我仍希望未来能与他们长久地合作。

在我写作的过程中，我的家人是我的坚实后盾。我的兄弟詹姆士和艾比，他俩总是不时地出现在我工作室的门口看看我；我的妈妈丽兹，很多人认识并喜欢她，她给我提出了很多明智的建议，而不仅仅是出于爱和支持；我的祖母简·格雷，2013年她离开了我们，不过她最后对我说的话一直激励着我："麦克斯，现在在你设立了自己的工作室，任何事你都能做到。"因此，我为她写了这本书，我希望她能为之而感到骄傲。

最后，我要感谢我美丽的伴侣、我的爱人艾比盖尔，虽然言语不能表达我对她的爱和感谢，但没有她恒久的爱、支持和忍耐，就不会有我现在所做的这一切。

艾比盖尔，谢谢你！